Prof. Parshottam Sarathe
Dr. Rakesh Patel

CARACTERIZAÇÃO DO BETÃO

Prof. Parshottam Sarathe
Dr. Rakesh Patel

CARACTERIZAÇÃO DO BETÃO

ADICIONANDO FIBRA DE VIDRO PICADA E CINZAS DE FIBRA DE COCO. Propriedades do betão utilizando materiais residuais

ScienciaScripts

Imprint

Cover image: www.ingimage.com

This book is a translation from the original published under ISBN 978-620-8-06427-3.

Publisher:
Sciencia Scripts
is a trademark of
Dodo Books Indian Ocean Ltd. and OmniScriptum S.R.L publishing group

120 High Road, East Finchley, London, N2 9ED, United Kingdom
Str. Armeneasca 28/1, office 1, Chisinau MD-2012, Republic of Moldova, Europe
Managing Directors: Ieva Konstantinova, Victoria Ursu
info@omniscriptum.com

Printed at: see last page
ISBN: 978-620-8-41085-8

ÍNDICE

RESUMO

O custo da construção desempenha um papel muito importante no desenvolvimento do país. Os materiais residuais estão disponíveis em grande quantidade, tanto na indústria como na natureza, que podem ser utilizados no betão e podem aumentar a sua resistência para uma construção barata.

No presente trabalho, o efeito da cinza de fibra de coco e da fibra de vidro picada na resistência à compressão e na trabalhabilidade foi estudado com uma mistura parcial de diferentes quantidades de cinza e de fibra no betão de grau M-40.

Esta investigação trata do consumo de resíduos comerciais e naturais no betão para melhorar as suas caraterísticas e tornar o ambiente amigo do ambiente. A investigação também mostra o estudo comparativo entre o betão de fibra de vidro e o betão de cimento simples de grau M-40. A conclusão mostra as alterações significativas tanto na resistência à compressão como na trabalhabilidade do betão.

CAPÍTULO 1
INTRODUÇÃO

1.1 ANTECEDENTES:

A utilização de materiais residuais na produção de betão para a construção de estruturas civis é um tema de grande preocupação. A mistura de materiais suplementares no betão e na argamassa afecta os seus parâmetros de resistência, trabalhabilidade e outras propriedades físicas e químicas. Alguns materiais *pozolânicos* que, por si só, não têm propriedades aglutinantes, quando utilizados com cimento Portland, apresentam propriedades cimentícias.

A utilização de materiais suplementares no cimento e no betão apresenta três vantagens. A primeira vantagem é a poupança financeira obtida pela substituição de uma parte considerável do cimento Portland por um subproduto industrial económico e residual. A segunda é a redução do custo ambiental da mistura de cimento associada aos gases com efeito de estufa emitidos durante a produção de cimento Portland. A última vantagem é o aumento do desempenho do produto final.

A substituição parcial do cimento Portland no betão diminui a quantidade de cimento Portland. Esta redução da quantidade de cimento diminui ainda mais o custo de fabrico e, por conseguinte, reduz as emissões de resíduos, tais como as emissões de dióxido de carbono (CO2). Isto também minimiza o consumo de energia e, portanto, diminui a taxa de aquecimento global.

O betão tem algumas desvantagens, como a fragilidade e a fraca resistência à abertura e propagação de fendas. O betão é naturalmente frágil e possui uma resistência extremamente baixa, pelo que as fibras são utilizadas de uma forma ou de outra para aumentar a sua resistência e reduzir o comportamento frágil. Com o tempo, muitas experiências foram feitas para aumentar as propriedades do betão, tanto no estado inicial como no estado endurecido. Os materiais básicos permanecem idênticos, no entanto, super plastificantes, aditivos, pequenos enchimentos estão a ser utilizados para induzir as propriedades necessárias, como trabalhabilidade, aumento ou diminuição do tempo de endurecimento e melhor resistência à compressão.

As fibras que são aplicadas em betões estruturais são classificadas de acordo com o seu material como fibras de aço, fibras de vidro resistentes a álcalis (AR), fibras artificiais, fibras de carbono, de breu e de poliacrilonitrilo (PAN).

1.2 BETÃO COMPOSTO POR MATERIAIS RESIDUAIS

O fabrico de cimento é um processo que consome muita energia e tem efeitos adversos no ambiente. O fabrico de uma tonelada de OPC liberta cerca de uma tonelada de gás dióxido de carbono no ambiente e, em consequência desta criação, são libertadas anualmente 1,6 mil milhões de toneladas de dióxido de carbono.

Os motivos subjacentes ao aumento da utilização de materiais suplementares no betão de cimento são

1. Diminuir a utilização de cimento através da substituição parcial do cimento por materiais com caraterísticas cimentícias.
2. Para melhorar as propriedades do betão fresco e endurecido. Nos últimos tempos, vários investigadores produziram betão de elevado desempenho diminuindo a relação água/cimento através da aplicação de superplastificantes e aditivos minerais finos.

O betão composto pela substituição parcial do cimento por resíduos industriais é designado por cimento verde. Este cimento verde melhorado é colocado lado a lado com o OPC por muitos investigadores. Este material "verde" utiliza menos fontes naturais e energia e liberta uma menor quantidade de CO_2 [6].

Nos países em desenvolvimento, os materiais de construção rentáveis desempenham um papel muito importante para tornar as suas estruturas económicas. Os materiais residuais na construção podem ser utilizados para tornar as estruturas económicas e também duráveis devido às suas propriedades definidas. A cinza volante é um material residual disponível nas indústrias que pode ser substituído pelo cimento, uma vez que pode desenvolver as propriedades do betão.

A partir de investigações anteriores, observou-se que as cinzas volantes aumentam a resistência à compressão e a trabalhabilidade do betão. As cinzas volantes e as fibras naturais são também um material residual, que tem algumas propriedades significativas que podem ser modificadas nas propriedades do betão. Foi observado que a fibra de coco aumenta a resistência à compressão do betão para um determinado rácio. Se ambos os materiais forem utilizados em conjunto no betão, podem verificar-se alterações significativas nas propriedades do betão. No presente trabalho, a cinza volante e a fibra de coco são utilizadas no betão como substituição parcial do cimento para observar o seu efeito e comparar com o betão normal em termos de trabalhabilidade e resistência à compressão.

2 OBJECTIVO DO ESTUDO:

O objetivo da dissertação é realizar um estudo comparativo entre as propriedades do betão, adicionando fibra de vidro picada e cinzas de fibra de coco em peso de cimento em diferentes proporções com o betão de cimento simples. São examinadas as seguintes propriedades:

- Resistência à compressão do betão
- Trabalhabilidade do betão

2.1 ORGANIZAÇÃO DA TESE

Esta tese é composta pelos seguintes capítulos

(i) **Introdução** Apresenta os antecedentes gerais relacionados com o tema da investigação e da tese.

(ii) **Materiais** Este capítulo apresenta uma descrição geral dos materiais e das suas propriedades.

(iii) **Revisão da literatura** Este capítulo inclui um resumo de várias investigações relevantes realizadas e publicadas na literatura mundial.

(iv) **Metodologia adoptada** Este capítulo apresenta a descrição geral das propriedades dos materiais utilizados nesta investigação e a metodologia adoptada.

(v) **Resultados** Este capítulo resume os resultados das experiências laboratoriais e apresenta observações comparativas.

(vi) **Discussão e conclusões** Este capítulo apresenta a discussão e as conclusões da presente investigação.

CAPÍTULO 2
MATERIAIS

2.1 GERAL

Este capítulo apresenta uma breve descrição do material utilizado nesta investigação:

2.2 BETÃO

O betão é utilizado na construção porque é durável, à prova de água, à prova de fogo e pode ser facilmente preparado. Também proporciona uma superfície acabada e é um material duro. É utilizado em pontes, fundações, pilares, pavimentos de auto-estradas e bueiros, etc.

2.3 PROPRIEDADES DO BETÃO

- Tem uma elevada resistência à compressão
- É isento de corrosão
- É económico
- Liga-se rapidamente às fibras
- Com o passar do tempo, a sua resistência aumenta e também encolhe devido à perda de água
- É fraco em tensão

2.4 MATERIAIS UTILIZADOS NO BETÃO

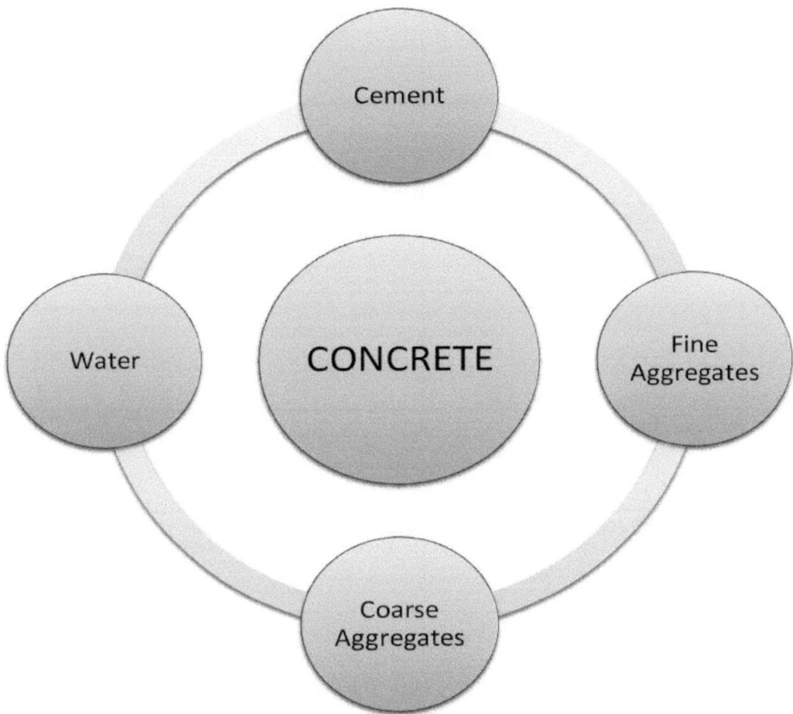

Fig. 2.1-Ingredientes do betão

1. Cimento

Geralmente, o cimento Portland comum é utilizado para a construção normal. Os materiais utilizados no fabrico do cimento são a cal, a sílica, a alumina e o óxido de ferro. Estes óxidos são combinados a alta temperatura no forno e formam-se compostos complexos que são finalmente moídos.

Composição dos óxidos no cimento

Óxido	%
CaO	60-70
SiO2	17-25
Al2O3	3-8
Fe2O3	5-6
MgO	1-4
Alcalinos (K2O, N2O)	0.4-1.3
SO3	1.3-3

Tabela 3.1-Composição de óxidos no cimento

A alta temperatura no forno, formam-se os compostos complexos. Estes compostos são designados por compostos falsos. Os compostos formados são:

- tricalcium silicate C3S (3CaO.SiO2)
- dicalcium silicate C2S (2CaO.SiO2)
- tricalcium aluminate C3A (3CaO.Al2O3)
- tricalcium allumino ferrite C4AF (4CaO.Al2O3.Fe2O3).

2. Agregado

Os agregados são materiais inertes como areia, cascalho ou pedra partida. Os agregados são uma parte do material composto do betão. Os agregados contêm cerca de 70% do volume do betão. Os agregados fornecem massa ao betão para resistir à carga na estrutura e criam meios inertes na elasticidade do betão. Os agregados afectam as seguintes propriedades do betão

- Força
- Durabilidade
- Custo da estrutura

Tipos de Agregados

- Agregado fino

As partículas de dimensão inferior a 4,75 mm contidas em cerca de 30% do volume do betão são geralmente consideradas como agregado fino.

- Agregado grosso

As partículas de tamanho superior a 4,75 mm, geralmente cascalho ou pedra quebrada, são denominadas agregado grosso.

3. Água

A água utilizada para fazer betão deve estar isenta de ácido, base, sal, açúcar e qualquer outra matéria orgânica. A água potável é geralmente utilizada para fazer betão devido ao valor de pH da água, que não deve ser inferior a 6. Evita-se a utilização de água de consulta para fazer betão. Os limites admissíveis para os sólidos na água são os seguintes

Parâmetros	Limites admissíveis
ORGÂNICO	200 mg/l
INORGÂNICOS	3000 mg/l

SULFATOS	400 mg/l
CHLORIDES	2000 mg/l
ASSUNTOS SUSPENSOS	2000 mg/l

Quadro 2.2- Limites admissíveis de sólidos na água

Hidratação do betão

O processo pelo qual o betão atinge a sua resistência é designado por hidratação. A água desempenha um papel muito importante na hidratação do betão. A hidratação é o efeito da reação entre o betão e a água. A hidratação do betão envolve as quatro fases seguintes:

Fase I: A fase I continha hidrólise de compostos de cimento

Fase II: Esta é a fase plástica do betão, em que o cimento atinge o seu tempo de presa inicial. A evolução do calor torna-se baixa nesta fase.

Fase III: Nesta fase, o betão endurece e a evolução do calor aumenta. Neste estado, o silicato tricálcico hidrata-se.

Fase IV: Este é o processo lento que leva muito tempo a ocorrer. Nesta fase formam-se produtos hidratados.

Rácio água-cimento

A relação água-cimento afecta negativamente a resistência e a durabilidade do betão. O efeito do rácio água-cimento nos diferentes parâmetros:

PARÂMETROS	BAIXO RÁCIO ÁGUA-CIMENTO	RÁCIO ÁGUA-CIMENTO ELEVADO
PERMEABILIDADE	BAIXO	ALTO
RINCAGEM	BAIXO	ALTO
FORÇA	ALTO	BAIXO

Tabela 2.3- Efeito do rácio água-cimento em diferentes parâmetros do betão

4. Adjuvantes

Os aditivos são os materiais utilizados para melhorar as propriedades do betão. As principais qualidades dos aditivos são as seguintes:

- A mistura aumenta a resistência do betão
- Melhora a trabalhabilidade do betão
- Pode aumentar ou diminuir o tempo de presa do cimento
- Pode diminuir a necessidade de água no betão

Tipos de aditivos

- Adjuvante mineral
- Adjuvante químico

➢ **Adjuvante mineral**

Trata-se de materiais pozolânicos que contêm minerais e que são utilizados como aditivos minerais no betão. As cinzas volantes, os fumos de sílica, o cimento hidráulico misturado, etc. são os aditivos minerais.

➢ **Adjuvante químico**

- Adjuvante redutor de água

- Acelerador
- Super plastificantes
- Adjuvante de entrada de ar
- Retardador

5. Fibras

A fibra é um fio sintético ou natural utilizado como constituinte de materiais compósitos ou, quando emaranhado em folhas, utilizado para fabricar produtos como papel, papiro ou feltro. A natureza do betão é frágil e é fraco em flexão e em tensão direta, pelo que, para melhorar estas propriedades, são adicionadas fibras ao betão. As fibras podem ser minúsculas, discretas ou em forma de varetas, ou mesmo sob a forma de fibras têxteis ou de fibras de malha tecida. Foram adicionadas várias fibras ao betão, algumas com elevado módulo de elasticidade, outras com baixo módulo de elasticidade, podendo cada classe melhorar caraterísticas específicas do betão.

Tipos de fibras

As fibras são dos seguintes tipos

1. Fibra natural

As fibras que têm origem natural são designadas por fibras naturais. As fibras originárias de árvores, plantas, frutos, animais, etc., são consideradas fibras naturais.

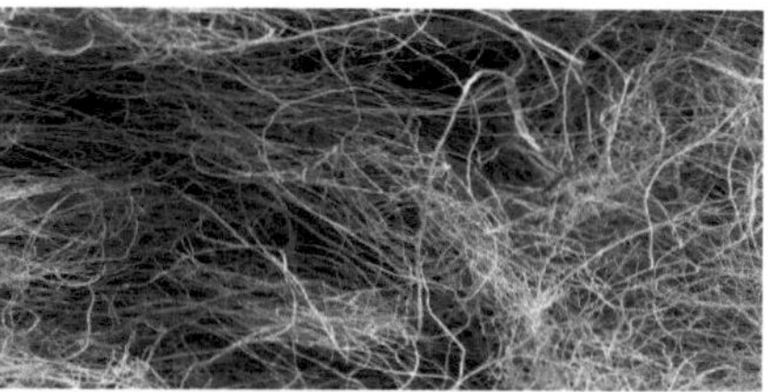

Fig.2.2. - Fibra de coco

Fig.2.4. - Fibra de juta

2. Fibra sintética

As fibras que são fabricadas pelo próprio homem são designadas por fibras sintéticas. Estas fibras contêm compostos orgânicos e são constituídas por uma cadeia de moléculas orgânicas. Estas fibras são geralmente polímeros de compostos orgânicos. A fibra de nylon, a fibra de plástico, a fibra de borracha, etc. são exemplos de fibras sintéticas.

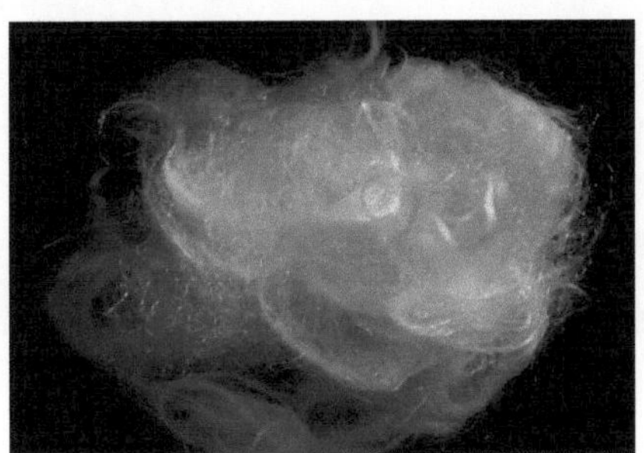

Fig.2.5. - Fibra de nylon

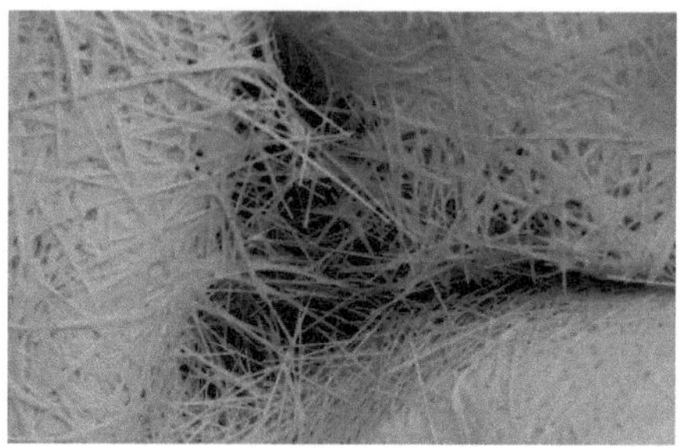

Fig.2.6 - Fibra plástica

Na presente investigação, são utilizadas fibras de vidro curtas e discretas e, como a fibra de vidro é suscetível aos álcalis, foram utilizadas fibras de vidro resistentes aos álcalis. Uma fibra é um material transformado num filamento longo com um diâmetro geralmente da ordem dos 10 tm. O principal objetivo das fibras é suportar a carga e fornecer resistência, estabilidade térmica, rigidez e outras propriedades estruturais ao FRC.

Fig.2.7. - Fibra de vidro

Os fios de vidro são filamentos normalmente utilizados nos domínios náutico e mecânico para a produção de complexos de média-elite. O vidro é feito principalmente de silício com uma estrutura tetraédrica (SiO4). Alguns óxidos de alumínio e outras partículas metálicas são então incluídos em diferentes graus para possibilitar operações de trabalho ou alterar algumas propriedades (por exemplo, os filamentos de vidro S apresentam uma elasticidade mais elevada do que os de vidro E).
O desenvolvimento da fibra de vidro consiste basicamente em transformar um cacho feito de areia, alumina e calcário. Os ingredientes são misturados a seco e passados para fusão num tanque a 1260°C. O vidro liquefeito é transportado em casquilhos de platina pela ação da gravidade, passando por aberturas especialmente designadas situadas na base. As fibras são então reunidas para formar um fio normal. A fibra única tem uma medida normal de 10 µm e é regularmente fixada com uma medição. Os fios são então embalados, na maior parte das vezes sem curvatura, num meandro. Os filamentos de vidro são igualmente acessíveis sob a forma de folhas finas, designadas por tapetes. Os filamentos de vidro têm normalmente um módulo de versatilidade Young inferior ao dos fios de carbono e a sua resistência à raspagem é moderadamente fraca; por conseguinte, é necessário estar atento ao seu controlo. Do mesmo modo, têm tendência para rastejar e têm uma baixa superioridade de exaustão. Para melhorar a ligação entre os filamentos e a grelha, e para proteger os próprios filamentos contra operadores solúveis e humidade, os filamentos experimentam medicamentos de estimativa que funcionam como especialistas em acoplamento. Estes medicamentos são úteis para melhorar a resistência e a execução de fraquezas (estáticas e elementares) do material compósito. Os compósitos FRP que têm em conta a fibra de vidro são normalmente designados por GFRP.

2.5 MATERIAL POZOLÂNICO UTILIZADO NESTA INVESTIGAÇÃO:

2.5.1 Fibra de coco Cinzas

A fibra de coco, também conhecida como coco, é obtida a partir das cascas mais internas dos cocos. Os cocos são um dos produtos mais amplamente cultivados no mundo, contribuindo consideravelmente para a economia de muitas zonas tropicais. As fibras pequenas e duras estão disponíveis em diferentes variedades utilizadas para vestuário, abrigos, etc.

As fibras de coco são classificadas em duas categorias: fibras castanhas, que são originárias de cocos maduros, e fibras brancas, que são originárias de cocos imaturos. As fibras castanhas são geralmente espessas, muito resistentes e têm uma elevada resistência à raspagem. As fibras brancas são lisas e finas, mas também mais fracas. Geralmente, o comprimento das fibras de coco varia entre 10 e 30 cm. Os países produtores de fibra de coco, como a Índia, o Quénia, a Birmânia, o Bangladesh, a Tailândia, o Sri Lanka, o Gana, a Nigéria, etc., levaram ao desenvolvimento de indústrias de fibra de coco.

As fibras de coco são uma alternativa natural e não tóxica ao amianto no fabrico de painéis de fibras de cimento.

A cinza de fibra de coco é o subproduto obtido após a queima completa da fibra de coco.

2.5.2 Betão reforçado com fibra de vidro (GFRC)

O betão reforçado com fibra de vidro pode ser um produto compósito cimentício reforçado com fibras de vidro separadas de comprimento e tamanho variáveis. A fibra de vidro utilizada é resistente aos álcalis, uma vez que as fibras são susceptíveis de serem alcalinizadas, o que diminui a durabilidade do GFRC. Os fios de vidro são utilizados maioritariamente para revestimentos exteriores, placas de revestimento e peças completamente diferentes sempre que os seus impactos de reforço são necessários ao longo da construção. O GFRC é rígido no estado fresco, tem um abatimento inferior e, por conseguinte, é menos trabalhável, pelo que se utilizam aditivos redutores de água. Além disso, as propriedades do GFRC dependem de numerosos parâmetros, como a metodologia de fabrico do produto. Verifica-se também que a variedade do cimento tem um efeito substancial no GFRC. O tipo de areia/enchimento, o comprimento da fibra, os métodos de rácio de cimento e a duração da cura também influenciam as propriedades da GFRC.

CAPÍTULO 3
REVISÃO DA LITERATURA

A literatura relevante relativa à utilização de produtos suplementares no betão, realizada na Índia e no estrangeiro, foi revista e apresentada da seguinte forma

Ade e Aina (2015) realizaram uma investigação experimental sobre o efeito térmico da utilização de fibra de coco e de fibra de polipropileno no betão. Os cubos foram mantidos a temperaturas de 200, 400, 600 e 1000^0 C e verificaram o efeito da temperatura na resistência do betão aos 7, 14, 21 e 28 dias de cura. Verificou-se que a fibra de coco aumenta a compressão do betão e também a propriedade de resistência ao fogo do betão mais do que a fibra de polipropileno.

Sukumar e John (2014) realizaram um estudo experimental sobre a utilização de fibras de aço no betão. Verificou-se que a fibra de aço proporciona uma melhor resistência em comparação com a fibra de polipropileno e que a ductilidade do betão também aumentou.

Ealis et al. (2014) realizaram um estudo experimental sobre o betão com a adição de casca de coco e fibra com substituição parcial de cinzas volantes. Substituíram a casca de coco e a fibra de coco pelo agregado grosso. Foi efectuado um estudo comparativo da resistência à compressão, da resistência à tração, da resistência química, da resistência eléctrica e do valor ph do betão. Verificou-se que a utilização de casca de coco e de fibra de coco diminui a resistência do betão.

Magnani et al. (2014) estudaram teoricamente vários tipos de fibras e observaram os seus efeitos no betão. A resistência à compressão e à tração do betão foi verificada com a substituição da cinza de casca de arroz e da fibra de coco. Finalmente, chegaram à conclusão de que a cinza de casca de arroz e a fibra de coco aumentam a resistência à tração e à compressão do betão e tornam o betão mais económico.

Nikhil et al (2014) provaram experimentalmente que a qualidade da água afecta a resistência à compressão do betão. Verificou-se que o valor do PH da água está inversamente relacionado com a resistência do betão, ou seja, à medida que o PH da água aumenta, a resistência do betão diminui e vice-versa.

Wankhede et al. (2014) analisaram os efeitos das cinzas volantes no betão e concluíram que a substituição de 10 e 20% de cinzas volantes apresenta resultados muito bons no caso da resistência à compressão durante 28 dias, mas a substituição de 30% de cinzas volantes apresenta a resistência máxima à compressão.

Pitroda (2014) substituiu o cimento por cinzas volantes em 0, 10, 20, 30 e 40 % do peso do cimento nos graus de betão M25 e M40 e mostra que, à medida que a substituição de cinzas volantes por cimento aumenta, a resistência à compressão do betão diminui.

Obilade e Olutoge. (2014) realizaram um estudo experimental utilizando caule de palmeira oleaginosa no betão. Foram realizados diferentes testes no betão, como testes de compressão, flexão e tração, e verificou-se que o caule da palmeira oleaginosa aumentou a capacidade de carga do betão e a resistência à compressão do betão.

Kiran e Ratnam (2014) realizaram uma investigação experimental substituindo parcialmente o cimento por cinzas volantes e estudaram parâmetros como a durabilidade e o ataque por sulfato do betão, tendo verificado o efeito das cinzas volantes no betão. A durabilidade do betão à base de cinzas volantes aumentou.

Khatri (2014) realizou um estudo experimental comparativo com a adição de fibra de coco e de fibra tecida de polipropileno e concluiu que a resistência à compressão aumenta mais no caso do betão de grau M20 do que no de grau M40. Por fim, concluiu que a fibra de coco com mistura proporciona mais resistência à compressão do que a fibra tecida de polipropileno.

Muthukumar et al (2014) utilizaram pó de casca de coco e pó de casca de amendoim e misturaram-nos no betão e observaram o efeito da resistência do betão e descobriram que a resistência máxima à tração e a resistência à flexão foram obtidas com 40% e 50% de adição de pó de casca de coco e pó de casca de amendoim por volume de betão, respetivamente.

De acordo com **Ruben e Bhaskar (2014)**, ao aumentar o teor de fibra de coco, a resistência à compressão aumenta até um determinado nível. A fibra de coco diminui a poluição ambiental e também melhora a resistência ao ataque de sulfatos.

Jatale et al. (2013) realizaram uma investigação experimental substituindo as cinzas volantes por cimento numa proporção de 20, 40 e 60 % nos graus de betão M15, M20 e M25. Os resultados mostraram que a trabalhabilidade melhorou, a densidade e o teor de ar do betão não foram afectados, a hemorragia e a retração do betão diminuíram, a durabilidade melhorou, o módulo de elasticidade diminuiu e a resistência à compressão do betão diminuiu à medida que a cinza volante aumentou.

Alani et al. (2013) apresentaram um estudo experimental utilizando diferentes tipos de fibras de aço no betão e investigaram o seu efeito nas propriedades do betão. Foram feitos 9 cubos para testar a resistência à compressão aos 7, 14 e 28 dias e cilindros para calcular a resistência à tração e vigas para a resistência à flexão. Foram obtidos os mesmos resultados em ambos os casos.

Nagalakshmi (2013) estudou os efeitos da substituição de cinzas volantes e casca de coco. 20% de cinzas volantes substituídas por cimento e agregado grosso por casca de coco em 10%, 20% e 30% parcialmente e concluiu que, com o aumento da percentagem de casca de coco, a resistência diminui.
Segundo Ramkrishna e Sudaranjan, a fibra de coco aumenta de 3 a 18 vezes a resistência ao impacto do betão.

O efeito do comprimento da fibra e dos hidróxidos de sódio na resistência ao impacto da fibra de coco foi estudado por **Kartikeyan e Balamurugan (2012).** Foram utilizadas diferentes percentagens de hidróxido de sódio (isto é, 2, 4, 6, 8 e 10%). Observou-se que a fibra de coco tratada com álcali com 30 mm de comprimento apresenta uma resistência ao impacto muito boa do que outros espécimes de fibra de coco. A adição de 6% de concentração de hidróxido de sódio mostra uma melhor resistência ao impacto.

Um estudo experimental e teórico foi efectuado por **Wang et al. (2012)** para analisar o efeito morfológico de diferentes cinzas volantes na argamassa. As cinzas volantes das classes A e F são utilizadas e chegou-se à conclusão de que as partículas de cinzas volantes preenchem o espaço entre as partículas de cimento, o que reduz a necessidade de água.

Patil et al. (2012) efectuaram um estudo experimental substituindo o cimento por cinzas volantes na proporção de 5, 10, 15, 20, 25% em peso de cimento e concluíram que a resistência à compressão diminui com a substituição do cimento por cinzas volantes em qualquer proporção.

Mohod (2012) utilizou as fibras de aço no betão e avaliou a compressão, a resistência à tração dividida e a resistência à flexão dos espécimes de betão. O teor de fibras em 0,25, 0,5, 0,75, 1, 1,5 e 2% em volume do cimento foi misturado e os resultados mostram que a trabalhabilidade do betão diminuiu com o aumento do teor de fibras no betão. Por outro lado, a resistência à compressão aumentou com o aumento do teor de fibras no betão. A resistência à compressão final foi encontrada a 1% de teor de fibras. A resistência à flexão também aumentou com o aumento do teor de fibras e a resistência à flexão final foi encontrada a 0,75 % do teor de fibras.

Nagalakshmi (2013) estudou os efeitos da substituição de cinzas volantes e casca de coco. 20% de cinzas volantes substituídas por cimento e agregado grosso por casca de coco em 10%, 20% e 30% parcialmente e concluiu que, com o aumento da percentagem de casca de coco, a resistência diminui.
Segundo Ramkrishna e Sudaranjan, a fibra de coco aumenta de 3 a 18 vezes a resistência ao impacto do betão.

Abdullah (2011) realizou uma investigação experimental em que as fibras de coco foram utilizadas como reforço na mistura de betão e substituídas pela composição de areia em peso de 3%, 6%, 9%, 12%, 15% e 7, 14 e 28, tendo sido calculada a resistência. Observou-se que a densidade da mistura diminuía com o aumento da fibra, a absorção de água aumentava com o aumento do teor de fibra e que a resistência à compressão a 9% do teor de fibra era máxima.

Elizabeth (2011) fez uma investigação experimental sobre o betão, substituindo o cimento por cinzas de fibra de coco. O investigador substituiu a cinza de fibra de coco por cimento de 0 a 25% e concluiu que a trabalhabilidade do betão diminui à medida que a cinza de fibra de coco aumenta. Por outro lado, a resistência à compressão do betão de cinza de fibra de coco aumenta com a idade de cura, mas diminui com o aumento da percentagem de cinza de fibra de coco. A resistência óptima observada a 10% de substituição.

CAPÍTULO 4
METODOLOGIA

4.1 GERAL

Sendo o projeto um esforço experimental, é necessário o protocolo de fabrico de amostras e a execução de uma série de testes e a obtenção de conclusões a partir dos resultados.

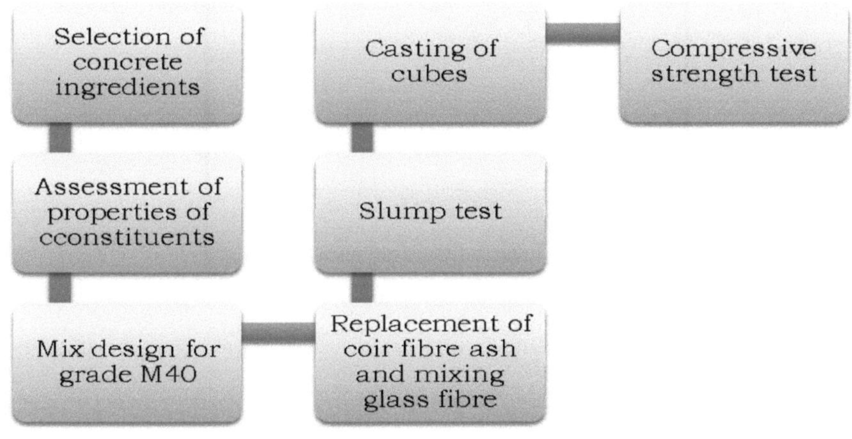

Fig.4.1. - Metodologia

O trabalho experimental consiste na produção de betão HSC e na moldagem de cubos para estudar o resultado das fibras de vidro e da cinza de fibra de coco na compressão e na trabalhabilidade do betão. O efeito é estudado através da variação do teor de fibras de vidro de 0% para 0,5% e de cinzas de fibras de coco de 10 para 30%. Para verificar o efeito, são moldados 3 espécimes para cada mistura e, finalmente, os espécimes são testados após 7 e 28 dias.

Fig.4.2. - Preparação da mistura de betão

Fig.4.4 - Cubos preparados e cura dos cubos

4.2 INGREDIENTES DO BETÃO

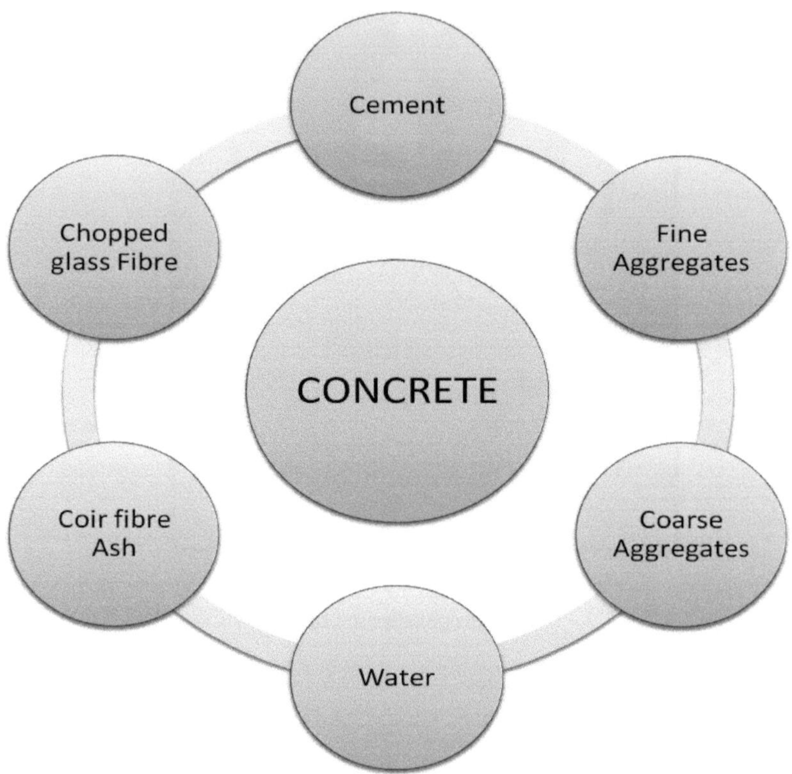

Fig.4.5. - Componentes do betão

1. **Cimento**: O cimento de grau 43 foi selecionado de acordo com a norma IS 8112:2009.

As propriedades do cimento utilizado na experiência são as seguintes:

PROPRIEDADES DO CIMENTO		
S NO	**PROPRIEDADE**	**VALOR**

1	FINALIDADE	8.17%
2	TEMPO DE REGULAÇÃO INICIAL	35 min
3	TEMPO DE ENDURECIMENTO FINAL	180 min
4	GRAVIDADE ESPECÍFICA	3.15
5	SONORIDADE	4 mm

Tabela 4.1-Propriedades do cimento utilizado na experiência

2. **Agregado fino**: A areia da Zona II foi utilizada como agregado fino.

As propriedades do agregado fino utilizado na experiência são as seguintes

PROPRIEDADES DO AGREGADO FINO		
S NO	**PROPRIEDADE**	**VALOR**
1	ANÁLISE DE VISTAS	ZONA II
2	GRAVIDADE ESPECÍFICA	2.61

Tabela 4.2-Propriedades do agregado fino utilizado na experiência

3. **Agregado grosso**: Foi utilizado um agregado de dimensão máxima de 20 mm.

As propriedades dos agregados grossos utilizados na experiência são as seguintes

PROPRIEDADES DOS AGREGADOS		
S.N,	**PROPRIEDADE**	**VALORES**

1	VALOR DE TRITURAÇÃO	14.86%
2	VALOR DO IMPACTO	2.75%
3	VALOR DE ABRASÃO	11.40%
4	GRAVIDADE ESPECÍFICA	2.655
5	ABSORÇÃO DE ÁGUA	1.20%

Tabela 4.3-Propriedades do agregado grosso utilizado na experiência

4. **Fibras de vidro:** A fibra de vidro, também conhecida como fibra de vidro, é feita de fibras de vidro extremamente finas. É um material leve, extremamente forte e robusto. As fibras de vidro são relativamente menos rígidas e feitas de material relativamente menos dispendioso do que as fibras de carbono. São menos frágeis e têm também uma resistência inferior à das fibras de carbono. Existem vários tipos de fibras de vidro:

Vidro A	Estes são feitos de silicato de cal sodada e também conhecidos como vidro alcalino.
Vidro AR	Estes tipos de fibras de vidro são utilizados em substratos de cimento e geralmente são resistentes aos álcalis dos silicatos de zircónio.
C-vidro	Este tipo de fibras de vidro é adequado para ambientes corrosivos ácidos e é feito de borossilicato de cálcio.
Vidro D	Constante dieléctrica baixa fabricada com borossilicato.

E-glass	Têm uma elevada resistividade eléctrica e são muito utilizados.
ECR-vidro	Um vidro E que tem uma maior resistência à corrosão ácida.
Vidro R	É um vidro de suporte e é adequado quando é necessária uma qualidade superior e resistência à erosão corrosiva.
Vidro em S	Também conhecido como vidro estrutural, é utilizado quando é necessária uma elevada firmeza, resistência a temperaturas extremas, elevada qualidade e resistência à destruição.

Tabela 4.4- Tipos de fibras de vidro

4.3 DESENHO MIX

A conceção da mistura de betão significa o cálculo da proporção de cimento, água, agregados finos, agregados grosseiros, aditivos e outros constituintes para produzir betão de acordo com a trabalhabilidade, resistência e durabilidade exigidas.

Grau exigido: M40
Tipo de cimento: OPC 43 grau
Dimensão nominal máxima do agregado: 20 mm
Teor máximo de água: 186 kg
Rácio máximo de água livre de cimento: 0,40
Teor mínimo de cimento: 360 kg/m^3
Desvio padrão: 5
Densidade específica do agregado fino: 2,61
Densidade específica do agregado grosso: 2,65
Assumir um teor de cimento de 400 kg/m^3

4.3.1 Objetivo Força média

Fck+1,65*desvio-padrão
40 + 1,65*5 = 48,25MPa

4.3.2 **Rácio água-cimento=0,40**

4.3.3 **Assumir um teor de cimento = 400 kg/m^3**

4.3.4 **Teor de água**

Assumir o teor de cimento * rácio água-cimento

400 * 0.4

160 kg<186 kg (portanto, tudo bem)

4.3.5 Cálculo do teor de agregados grossos e finos

Para 20 mm, o volume do agregado grosso por unidade de volume do agregado total para diferentes zonas de agregado fino é de 0,62 para o agregado grosso e de 0,38 para o agregado fino. Para 20 mm, o tamanho máximo do agregado com ar aprisionado é de 2% do volume total do agregado.

1. Agregado fino

Fração volumétrica total do agregado = [teor de água + {(assumir o teor de cimento)/(gravidade específica do cimento)} + 1/fração de agregado fino por unidade de volume] (teor de agregado fino/dimensão específica do agregado fino * 1000)

0.0.2 = [160 + 400/3,15 + 1/0,38] (teor de agregado fino/2,61*1000)

0,98*1000 = 160 + 126,98 + FA/0,38*2,61

693,0158 = FA/0,38*2,61

FA = 693,0158*0,38*2,61

FA = 687,33 kg

2. Agregado grosso

Fração volumétrica total do agregado = [teor de água + {(assumir o teor de cimento)/(gravidade específica do cimento)} + 1/fração de agregado grosseiro por unidade de volume](teor de agregado grosseiro/dimensão específica do agregado grosseiro * 1000)

1-0,02= [160 + 400/3,15 + 1/0,62] (teor de agregado grosso/2,655*1000)

0,98*1000 = 160 + 126,98 + CA/0,62*2,655

CA/0,62*2,655 = 693,0158

CA = 693,0158*0,62*2,655

CA = 1141 kg

Para 1 metro cúbico de cubo de betão

Teor de agregado fino = 687 kg

Teor de agregado grosso = 1141 kg

Teor de cimento = 400 kg

Teor de água = 160 kg

Cinzas volantes = 10, 20 e 30 % de substituição do cimento

Fibra de coco = 1, 1.5, 2, 2.5, 3% extra em peso de cimento

4.3.6 Rácio da proporção da mistura

Água: cimento: agregado fino: agregado grosso

160: 400: 687: 1141

0.4: 1:1.72: 2.85

Para 6 cubos de tamanho 150 mm*150 mm*150 mm, a quantidade necessária de material é

Água =4,020 kg

Cimento =10.050 kg

Areia=17,286 kg

Agregado = 26,844 kg

4.4 MISTURA DE BETÃO

Para obter uma mistura uniforme, é necessária uma mistura sistemática do betão. O betão pode ser uniformizado quer por mistura manual quer por mistura mecânica. A mistura manual pode ser efectuada numa superfície nivelada, como uma superfície pavimentada ou uma plataforma de madeira com juntas apertadas, de modo a evitar a perda de pasta. Para uma mistura adequada, primeiro limpa-se a superfície e humedece-se, depois deita-se areia sobre a superfície e espalha-se cimento sobre a areia, após o que se procede a uma mistura completa. Quando o cimento e a areia estiverem uniformemente misturados, adicionam-se agregados grosseiros sobre a mistura uniforme de areia e cimento e volta-se a misturar bem. Os materiais secos são misturados até que a cor da mistura seja consistente. A água é adicionada lentamente e a mistura é novamente virada pelo menos três vezes. Após todo o processo de mistura, é produzido betão fresco, que é de natureza plástica e pode ser moldado de acordo com os requisitos.

Na nossa investigação, a mistura à máquina está a ser feita para criar o betão fresco. Em primeiro lugar, o tambor da máquina é limpo e depois humedecido de modo a evitar qualquer perda de água, uma vez que estamos a misturar apenas a quantidade estimada e não foi adicionada água extra. Todos os materiais secos são mantidos no tambor e, em seguida, misturados a seco, rodando o tambor quando se obtém a mistura necessária, as fibras de vidro são misturadas de acordo com o cálculo que é uma percentagem do peso total do betão e, em seguida, os materiais são misturados cuidadosamente. Por fim, adiciona-se água e mistura-se novamente até se obter uma mistura de cor consistente. Depois de concluído todo este processo, o betão é depositado numa placa plana e limpa de onde foi recolhido e os moldes são enchidos.

4.5 COMPACTAÇÃO

Todas as amostras são feitas enchendo os respectivos moldes e depois compactadas à mão com uma vara de 30 mm de diâmetro em três camadas, socando 20 vezes em cada camada. Para conseguir a compactação total, os provetes são vibrados numa mesa vibratória. Os ladrilhos são fabricados colocando o betão no molde e, em seguida, socando manualmente com um bloco de madeira de superfície plana e, em seguida, o molde é mantido apertado e vibrado na mesa vibratória. A superfície é nivelada, acabada e alisada com a utilização de espátulas metálicas.

4.6 CURA DO BETÃO

Uma parte considerável das propriedades físicas do cimento depende do grau de hidratação da ligação e da microestrutura resultante do betão hidratado. Como resultado da hidratação, forma-se progressivamente uma estrutura tridimensional aleatória que preenche o espaço ocupado pela água. A pasta de cimento endurecida tem uma estrutura porosa e os poros podem ser classificados em duas categorias: poros capilares e poros de gel. A hidratação do cimento ocorre apenas quando os poros capilares permanecem saturados. A cura é essencial para tornar o betão mais forte, impermeável, durável e resistente à abrasão e ao gelo. A cura pode ser feita por pulverização de água ou por cura em tanque ou mantendo-os embalados sob sacos de artilharia húmidos, de modo a evitar a perda de humidade da superfície e do interior. A cura começa quando o betão atinge a sua fase final de endurecimento. A cura é normalmente sugerida durante pelo menos 14 dias para obter pelo menos 90% da resistência prevista.

CAPÍTULO 5
RESULTADOS

5.1 Geral

Este capítulo apresenta vários resultados obtidos no programa experimental. Os resultados obtidos pelas experiências efectuadas são representados graficamente.

5.2 Resultados obtidos

Os resultados obtidos para o betão do tipo M40 são tabelados a seguir:

S.N.	FIBRA DE COCO % DE CINZAS	FIBRA DE VIDRO CORTADA %.	NOMENCLATURA	capacidade de trabalho (mm)	RESISTÊNCIA À COMPRESSÃO	
					FORÇA DE 7 DIAS	RESISTÊNCIA A 28 DIAS
		0%	A1	76	38	50
		0.10%	B1	51	30	45
		0.20%	C1	43	26	43
		0.30%	D1	34	29	46
		0.40%	E1	22	25	40
1	0%	0.50%	F1	11	24	38
		0%	A2	84	39	51
		0.10%	B2	54	30	43
		0.20%	C2	49	28	41
		0.30%	D2	40	34	49
		0.40%	E2	32	25	35
2	10%	0.50%	F2	24	21	30
		0%	A3	90	36	52
		0.10%	B3	61	27	40
		0.20%	C3	53	35	53
		0.30%	D3	46	28	42
		0.40%	E3	35	20	32
3	20%	0.50%	F3	27	18	27

4	30%	0%	A4	93	35	49
		0.10%	B4	64	26	40
		0.20%	C4	56	23	36
		0.30%	D4	48	25	37
		0.40%	E4	36	19	29
		0.50%	F4	28	15	22

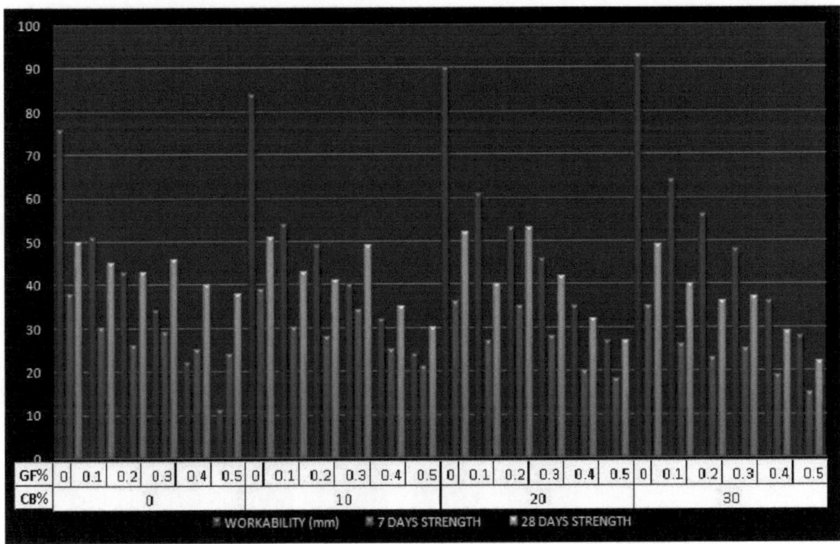

Figura 5.1- Resultados experimentais

5.3 Trabalhabilidade

O abatimento obtido para diferentes percentagens de cinzas de fibra de coco e fibras de vidro picadas é apresentado na tabela abaixo:

FIBRA DE VIDRO CORTADA %.	**Slump com 0% de cinza de fibra de coco**	**Slump com 10% de fibra de coco**	**Slump com 20% de fibra de coco**	**Slump com 30% de fibra de coco**
0%	76	84	90	93

0.10%	51	54	61	64
0.20%	43	49	53	56
0.30%	34	40	46	48
0.40%	22	32	35	36
0.50%	11	24	27	28

A trabalhabilidade diminui à medida que o teor de fibra de vidro picada aumenta e aumenta à medida que a cinza de fibra de coco aumenta no betão.

A variação gráfica da trabalhabilidade é mostrada no gráfico abaixo:

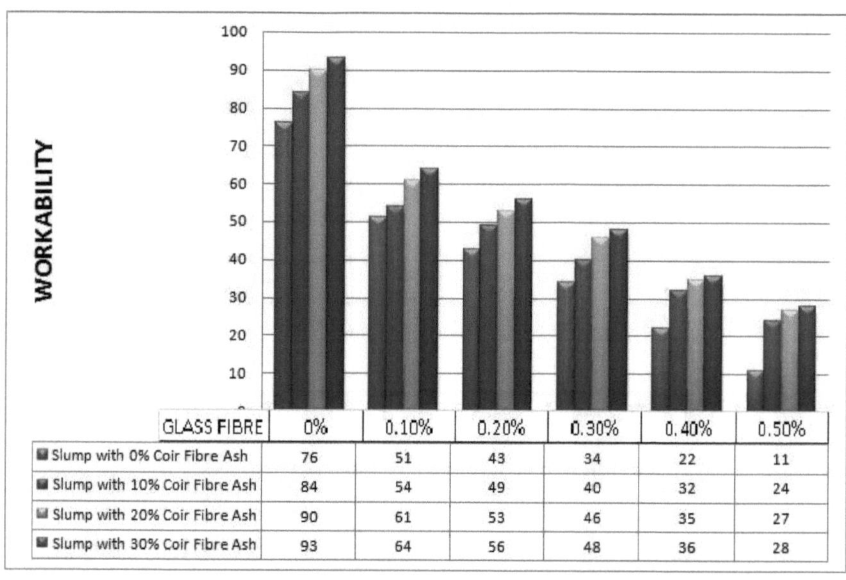

Figura 5.2 - Trabalhabilidade obtida

5.4 Resistência à compressão

5.4.1 Resistência à compressão de 7 dias

7 dias Resistência à compressão				
Fibra de vidro cortada	**0% Fibra de coco cinza**	**10% de cinza de fibra de coco**	**20% de cinza de fibra de coco**	**30% de fibra de coco cinza**
0%	38	39	36	35
0.10%	30	30	27	26
0.20%	26	28	35	23
0.30%	29	34	28	25
0.40%	25	25	20	19
0.50%	24	21	18	15

Observou-se que a resistência à compressão do betão à base de cinzas de fibra de coco aumentou com a adição de cinzas de fibra de coco até 10%, mas depois disso, a resistência à compressão diminuiu. A resistência à compressão do betão aumentou significativamente quando se adicionou 20% de cinza de fibra de coco com 0,2% de fibra de vidro picada. A representação gráfica da resistência à compressão aos 7 dias é mostrada abaixo:

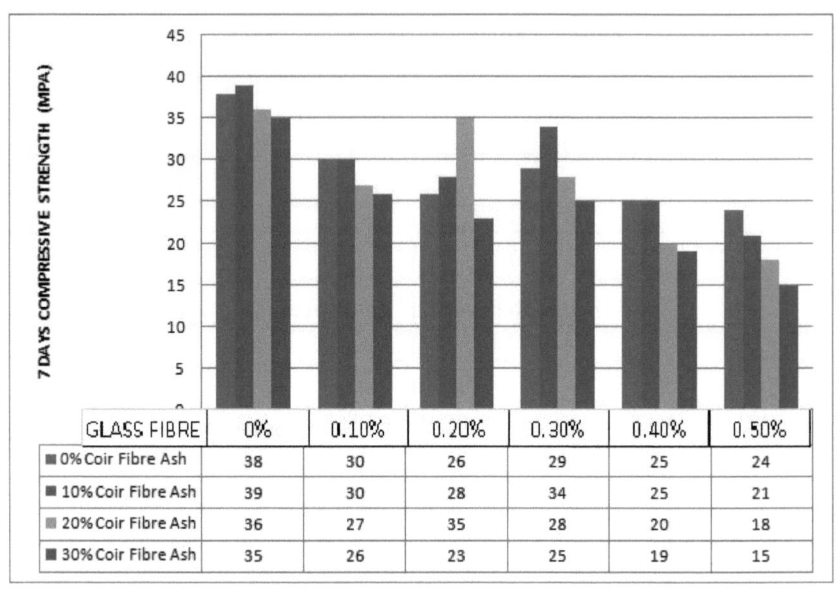

Figura 5.3 - Resistência à compressão aos 7 dias

5.4.2 Resistência à compressão a 28 dias

28 dias Resistência à compressão				
Fibra de vidro cortada	**0% Fibra de coco cinza**	**10% de cinza de fibra de coco**	**20% de cinza de fibra de coco**	**30% de fibra de coco cinza**
0%	50	51	52	49
0.10%	45	43	40	40
0.20%	43	41	53	36

0.30%	46	49	42	37
0.40%	40	35	32	29
0.50%	38	30	27	22

Observou-se que a resistência à compressão do betão à base de cinzas de fibra de coco diminuía à medida que o teor de cinzas de fibra de coco aumentava. A resistência à compressão do betão aumentou significativamente a 10% de cinzas de fibra de coco com 0,2% de fibra de vidro picada. A representação gráfica da resistência à compressão a 28 dias é mostrada:

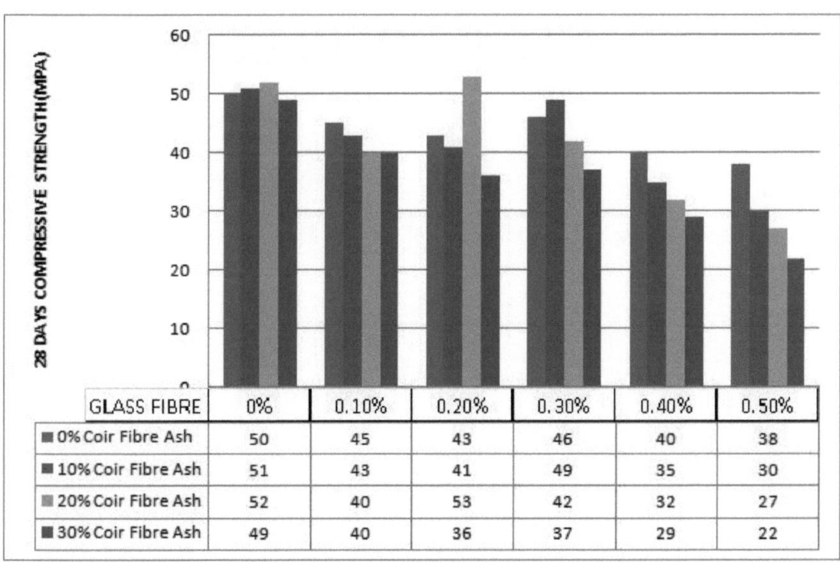

Figura 5.5 - Resistência à compressão aos 28 dias

CAPÍTULO 6
DEBATE E CONCLUSÃO

6.1 Discussão

Seguem-se os pontos importantes a debater:

- No caso da resistência de 7 dias, observou-se uma resistência à compressão satisfatória com 20% de substituição parcial de cinzas de fibra de coco por OPC e adição de 0,4% de fibra de vidro picada.
- O mesmo fenómeno foi observado no caso da resistência aos 28 dias. O aumento máximo da resistência é observado com a substituição parcial de 0,2% de fibra de vidro e 20% de cinzas de fibra de coco por OPC.
- Também se observaram alterações significativas na capacidade de trabalho. Com o mesmo teor de fibra de vidro e variando o teor de cinzas de fibra de coco, observou-se um aumento da trabalhabilidade.
- Por outro lado, verificou-se uma diminuição da trabalhabilidade ao manter o mesmo teor de cinzas de fibra de coco e ao variar o teor de fibra de vidro.

6.2 Conclusão

Seguem-se as conclusões da investigação:

- A mistura de betão com 10% de cinzas de fibra de coco como substituição do cimento é o nível ótimo, uma vez que se observou que apresenta quase a mesma resistência à compressão aos 28 dias e ligeiramente mais no caso da resistência aos 7 dias, quando comparada com a mistura nominal.
- [20% de substituição de cinzas de fibra de coco + 0,2% de adição de fibra de vidro picada] é a melhor combinação observada para obter a máxima resistência.
- Como as cinzas de fibra de coco e a fibra de vidro são materiais residuais, a utilização destes materiais no betão torna o ambiente amigo do ambiente.
- A utilização destes materiais permite uma construção económica.

6.3 Âmbito futuro

Este estudo mostra o efeito da cinza de fibra de coco e da fibra de vidro na resistência à compressão do betão, podendo também ser selecionados outros parâmetros de resistência com diferentes tipos de fibras.

REFERÊNCIAS

1. Ade Nkem Anthony e Aina Oluwaseyi Adebodun 2015. "Efeitos da fibra de casca de coco e da fibra de polipropileno na resistência ao fogo do betão", International Journal of Engineering Science and Management, 5(1):171-179

2. Sukumar Aiswarya e John Elson 2014, "Fibre Addition and Its Effect on Concrete Strength" (Adição de fibras e o seu efeito na resistência do betão) Revista Internacional de Investigação Inovadora em Engenharia Avançada, 1(8)

3. Agregados alongados na resistência e trabalhabilidade do concreto" Int. J. Of Structural Engineering, 2014 Vol.5, No.4, Pp.314 - 325.

4. Magnani D Chirag, Shah S Hirak, Lad J Jay, Mali Darshan, e Patel N Vatsal2014," A Review on Compressive and Tensile Strength of Concrete Containing Rice Husk Ash and Coir Fibre" Scholars Journal of Engineering and Technology (SJET), 2(5B):750-754

5. Anju Mary Ealis, Rajeev A P, Sivadutt S, Life John e Anju Paul 2014. "Melhoria da resistência do concreto com substituição parcial de agregado grosso com casca de coco e fibras de coco".IOSR Journal Of Mechanical and Civil Engineering, 11 (3): 16-24.

6. Wankhede P.R., Fulari V.A., 2014, "Effect of Fly ash on Properties of Concrete" (Efeito das cinzas volantes nas propriedades do betão) International Journal of Emerging Technology and Advanced Engineering, International Journal for Research in Applied Science and Engineering Technology (Ijraset), 4(7):284-289

7. Pitroda Jayeshankar, Dr. ZalaL.B. e Dr. Umrigar F.S. "Experimental Investigation on Partial Replacement of Cement with Fly Ash in Design Mix Concrete" International Journal of Advanced Engineering Technology, 3(4):126-129

8. I.O. Obilade e F.A. Olutoge 2014. "Caraterísticas de flexão de vigas de betão armado com caule de óleo de palma" Jornal Internacional de Engenharia e Ciências Aplicadas, 5(3):21-25

9. Kiran T. G. S., Ratnam M. K. M. V. 2014, "Cinzas volantes como substituição parcial do cimento no betão e estudo da durabilidade das cinzas

volantes em ambiente ácido (H2SO4)" Jornal internacional de investigação e desenvolvimento no domínio da engenharia, 10(12):1-13

10. Khatri Shubha 2014. "Impacto da fibra de coco e fibra tecida de polipropileno incluindo mistura na mistura de concreto" Jornal Internacional de Pesquisa Científica e de Engenharia, 5 (6): 192-197

11. Muthukumar S, LingaduraiK2014, "Investigando o comportamento mecânico do compósito de polímero reforçado com casca de coco" Global Journal of Engineering Sciences and Reasearch, 1(3):19-23

12. Ruben Sahaya J., Bhaskar G. 2014. "Estudo experimental da fibra de coco como compósitos baseados em incremento de material de reforço de concreto" Jornal Internacional de Pesquisa e Aplicação, 1 (3): 128-131

13. Jatale Aman, Tiwari Kartikey, Khandelwal Sahil, 2013, " Effect on Compressive Strength When Cement is Partially Replaced by Fly-Ash" IOSR Journal of Mechani-caland Civil Engineering (IOSR-JMCE), 5(4):34-43

14. Alani M. Amir, Aboutalebi Morteza, 2013. "Propriedades Mecânicas do Betão Reforçado com Fibras - Um Estudo Experimental Comparativo", Revista Internacional de Construção Civil Ambiental e Engenharia Arquitetónica, 7(9).

15. Saikia, N., & de Brito, J. (2012). Utilização de resíduos plásticos como agregado na preparação de argamassas de cimento e betão: A review. Construção e Materiais de Construção, 34, 385-401.

16. Wang Aiquin, Zhang Chengzhi, SunWei2003 "Efeitos da cinza volante: The Morphological Ef-fect of Fly Ash" SCIENCE @ DIRECT Cement and Concrete Research, 33:2023-2029

17. Dr. Patil S L, Kale J N, Suman S. "Fly Ash Concrete: A Technical Analysis for Compressive Strength" International Journal of Advanced Engineering Research and Studies, 2(1): 128-129

18. Mohod V. Milind 2012, "Performance of Steel Fibre Reinforced Concrete" (Desempenho do betão reforçado com fibras de aço) International Journal of Engineering and Science, 1(12): 2278-4721

19. Polat, Riza, et al. "The correlation between aggregate shape and compressive strength of concrete: digital image processing approach. "*International Journal of Structural and Civil Engineering Research* (2013): 1-19.

20. Harle Shrikant e DhawaleVaibhav2014. "Comparação de diferentes betões reforçados com fibras naturais: Review" International Journal of Engineering Science & Research Technology, 1(1):1-4

21. Seyed Jamalaldin Seyed Hakim, Jamaloddin Noorzaei, M. S. Jaafar, Mohammed Jameel e Mohammad Mohammadhassani Aplicação de redes neurais artificiais para prever a resistência à compressão do betão de alta resistência. 2011 Vol. 6(5), pp. 975-981.

22. Elizabeth Chinenye Okere. "Strength Properties of Coconut Fibre Ash Concrete" Journal of Research in Architecture and Civil Engineering", Journal of Research in Architecture and Civil Engineering (ISTP-JRAC), 1(1):1-5

Printed by Books on Demand GmbH, Norderstedt / Germany